SELF PER-SONAL COLORS

교구와 함께 하는

셀프 퍼스널컬러

안나현

서경대학교 일반대학원 미용예술학과 메이크업 전공 박사 졸업

[현] 진로길잡이교육센터 대표
엄지메이크업 대표

교구와 함께 하는 **셀프 퍼스널컬러**

초판인쇄 | 2024년 8월 20일
초판발행 | 2024년 8월 30일

저　자 | 안나현
발행인 | 조규백
발행처 | 도서출판 구민사

전　화 | (02) 701-7421
팩　스 | (02) 3273-9642
홈페이지 | www.kuhminsa.co.kr

신고번호 | 제2012-000055호(1980년 2월 4일)
ISBN | 979-11-6875-397-6 (93590)

정　가 | 23,000원

PREFACE

뷰티와 패션에 대한 관심이 증가함에 따라 자신에게 어울리는 색과 이미지를 찾아주는 퍼스널컬러가 인기를 끌고 있습니다. 퍼스널컬러는 개성을 표출할 수 있도록 해주는 이미지 컨설팅의 수단으로 남녀노소 많은 사람들의 관심을 받고 있습니다.

색채에 대한 기초적 이론과 더불어 다양한 방법으로 간단하게 셀프진단을 할 수 있도록 손쉽게 접근하였습니다.

저자는 최선을 다했지만, 분명 미흡한 부분이 있기에 독자 여러분들의 조언과 격려를 받아들여 추후에 좀 더 알찬 내용으로 발전해 나가도록 노력하겠습니다.

이 책이 나오기까지 애써주신 구민사 조규백 대표님과 직원분들께 깊은 감사를 드립니다.

저자 안나현

과학적 근거는 없으나 학습에 의한 이미지 색을 기준으로 성격을 유추해 보세요.

♥ 빨간색 : 열정적이고 따뜻하다.

♥ 주황색 : 긍정적이고 활발하다.

♥ 노란색 : 즉흥적이고 다정하다.

♥ 초록색 : 안정적이고 총명하다.

♥ 파란색 : 보수적이고 평온하다.

♥ 보라색 : 창의적이고 화려하다.

01 색의 이해

02 퍼스널컬러 이론편

CONTENTS

03
퍼스널컬러 실전편

04
퍼스널컬러 응용편

※ 실전편과 부록에 나오는 교구들은 색상에 따라 명도와 채도 차이가 있음을 양해 부탁드립니다.

1

색의 이해

색의 이해

색(= 색깔, 색채, 빛깔)

• 빛의 성질 중 하나로 인간이 시각적으로 인지하는 현상을 말한다.
• 색의 파장에 대한 눈의 반응으로 색상, 명도, 채도의 속성을 가지는 것이다.

색상의 언어

원색(Primary colors)

• 단순하게 다른 색으로 만들어 내지 못하는 3가지 색상이다.
• 혼합되었을 때 다른 색상을 만들 수 있는 기본이 되는 색상이다.

중간색(Natural colors)

- 각 색상에서 명도, 채도가 중간 정도인 색이다.
- 순색에 회색을 섞은 색으로 부드럽고 차분한 느낌이다.
- 무채색에서 하양과 검정 중간에 있는 색이다.
- 색상환에서 삼원색의 중간에 있는 색으로 주황, 초록, 보라이다.

보색(Complementary colors) = 반대색

- 2가지 색상을 섞어 흰색이나 검정이 될 때 2가지 색상을 보색이라고 한다.
- 색상 대비를 이루는 한 쌍의 색상(= 서로 반대되는 색)이다.
- 두 색상의 대비가 강하게 느껴진다.

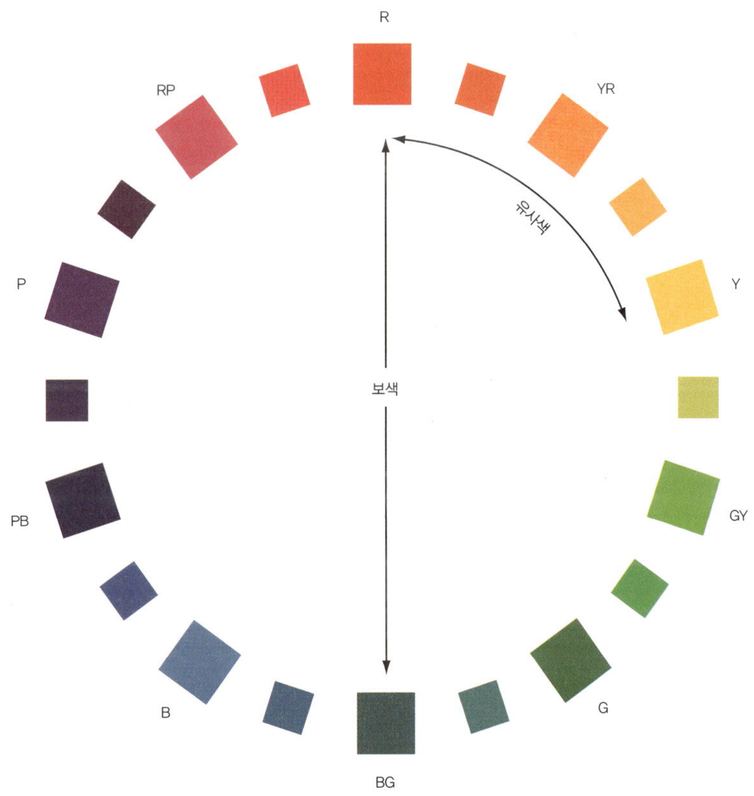

색의 3요소(3속성)

색상

- 명도나 채도와 상관없이 색을 구분할 수 있는 성질이다.
- 모든 색을 다른 색과 구별하는데 필요한 성질인 색상, 명도, 채도를 색의 3요소(색의 3속성)라고 한다.
- 인간이 물체색을 감지할 때 명도, 색상, 채도 순으로 인식한다.

무채색

색상을 갖지 않은 색(하양, 검정색, 회색)이다.

유채색

색상을 갖고 있는 색(무채색을 제외한 색상이 있는 모든 색)이다.

명도

- 색의 밝고 어두운 정도이다.
- 명도가 높으면 밝고, 낮으면 어둡다.

채도

- 색의 맑고 탁한 정도이다.
- 채도가 낮으면 탁하고, 높으면 선명하다.

기본 색명

유채색의 기본색 이름

2개의 기본색 이름을 조합하여 조합색 이름을 구성한다.

기본색 이름	대응 영어	약호
빨강(적)	Red	R
주황	Yellow Red	YR
노랑(황)	Yellow	Y
연두	Green Yellow	GY
초록(녹)	Green	G
청록	Blue Green	BG
파랑(청)	Blue	B
남색(남)	Purple Blue	PB
보라	Purple	P
자주(자)	Red Purple	RP
분홍	Pink	Pk
갈색(갈)	Brown	Br

무채색의 기본색 이름

기본색 이름	대응 영어	약호
하양(백)	White	Wh
회색(회)	Gray(미)	Gy
검정(흑)	Black	Bk

계통 색명

색상을 표현하는 수식어

2개의 기본색 이름을 조합하여 조합색 이름을 구성한다.

색상을 표현하는 수식어	대응 영어	약호
빨간(적)	reddish	r
노랑(황)	yellowish	y
초록빛(녹)	greenish	g
파란(청)	bluish	b
보랏빛	red-purplish	rp
자주빛(자)	blue-purplish	bp
분홍빛	pinkish	pk
갈	brownish	br
흰	whitish	wh
회	grayish	gy
검은(흑)	blackish	bk

톤을 표현하는 수식어 색조(톤)의 구조

명도와 채도의 복합 개념을 말하며, 동일한 색상에서 색의 밝고 어두움, 강약, 진하고 흐림 등에 따른 차이를 말한다. 색조는 KS표준색(Hue & Tone) 색체계 155 기본색을 포함 총 13개의 톤으로 구성되어 있다.

형용사	대응 영어	약호
선명한	vivid	vv
밝은	light	lt
진한	deep	dp
연한	pale	pl
흐린	soft	sf
탁한	dull	dl
어두운	dark	dk
흰	whitish	wh
밝은 회색	light grayish	ltgy
회색	grayish	gy
어두운 회색	dark grayish	dkgy
검은	blackish	bk

톤의 이미지 언어

톤	이미지
vivid	선명한, 화려한, 눈에 띄는, 강한
deep	진한, 깊은, 고상한, 보수적인, 짙은
dark	어두운, 무거운, 무서운, 강한, 딱딱한, 견고한, 남성적
dull	점잖은, 나이든, 중후한, 고저스, 엔틱, 낡은, 격식있는
light	은은한, 단정한, 정적인, 수수한, 웰빙, 고급스러운, 편안한 • 난색 : 내추럴한 • 한색 : 우아한, 고급스러운
pale	밝은, 즐거운, 귀여운, 여성적인, 경쾌한 아이스크림 컬러, 영유아 컬러, 10~20대 여성 선호색
whitish	가벼운, 연한, 부드러운, 맑은, 로맨틱한, 연약한, 물 이미지
light grayish	은은한, 잔잔한, 안정된, 소박한, 전원적인 • 난색 : 전원적 • 한색 : 우아한
grayish	수수한, 정적인, 차분한, 오래된, 칙칙한, 낡은

「KS표준색 C&D 155」 Hue&Tone 155 색체계

KS표준색(Hue & Tone) 색체계 155

KS표준색(Hue&Tone) 색체계 155

	R 빨강	YR 주황	Y 노랑	GY 연두	G 초록	BG 청록	B 파랑	PB 남색	P 보라	RP 자주
기본색										
vv 선명한										
dp 진한										
dk 어두운										
dl 탁한										
sf 흐린										
lt 밝은										
pl 연한										
wh 흰										
ltgy 밝은회										
gy 회색										
dkgy 어두운회										
bk 검은										

2

퍼스널컬러 이론편

퍼스널컬러 이론편

퍼스널컬러(Personal Color)란?

- 본인이 타고난 고유의 신체 컬러이다.
- 웜과 쿨로 나뉘는데 웜은 봄, 가을 / 쿨은 여름, 겨울인 4계절 색과 비교 분석하여 베스트 컬러를 찾아낼 수 있다.
- 진단 부위는 피부 색, 머리카락 색, 눈동자 색, 손목혈관 등 신체 모든 컬러들을 분석한다.

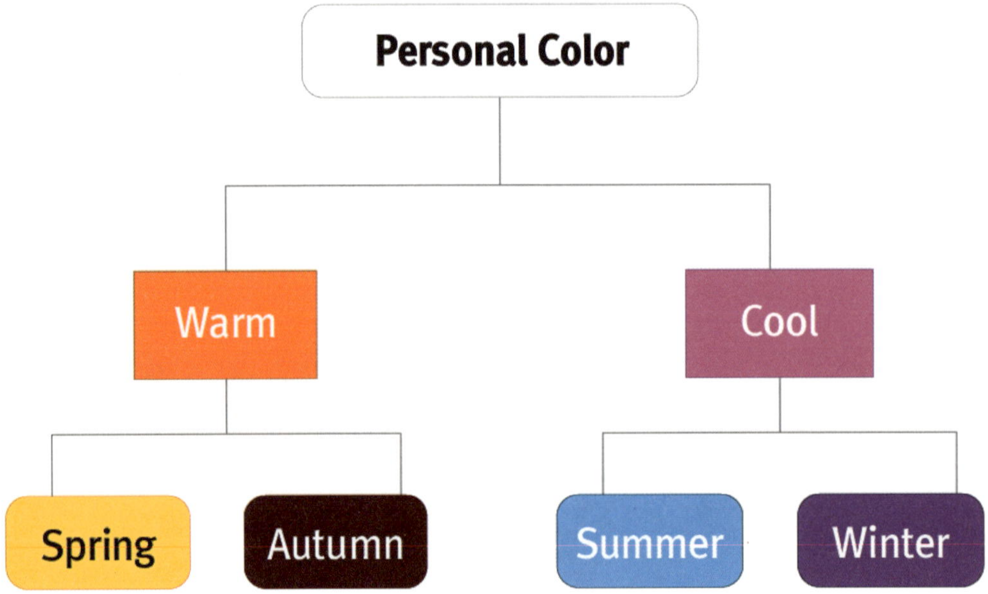

진단 부위

피부색

- 인종이나 지역, 연령, 성별 등에 따라 다르고 건강상태나 스트레스 정도에 의해 변한다.
- 피부색은 멜라닌의 갈색, 헤모글로빈의 붉은색, 카로텐의 황색에 의해 결정된다.
  - 멜라닌이 많을수록 피부는 어둡게 보인다.
  - 카로텐이 많을수록 피부는 노랗게 보인다.
  - 헤모글로빈이 많을수록 피부는 붉게 보인다.

머리카락색

- 모발색은 인종에 따라 여러가지 색이 있고, 멜라닌 색소의 분포와 양에 따라 결정된다.
- 헤어색을 결정하는 색소
  - 붉은색 : 페오멜라닌
  - 황갈색: 유멜라닌
- 동양인들의 머리카락색은 기본적으로 검정 또는 어두운 갈색으로 웜과 쿨을 구분하기에는 다소 어려운 점이 있다.

눈동자색

- 동양인들은 대부분의 눈동자색은 검정 또는 어두운 갈색으로 웜과 쿨을 구분하기 다소 어려운 점이 있다.
- 사람마다 눈동자 색이 다른 이유 : 멜라닌 색소의 양이 적으면 눈동자 색은 파란색을 띠고, 양이 많아질수록 갈색이나 검정색을 띤다. 색소가 결핍되면 회색이나 붉은색을 띤다.

혈관색

손목이나 손등의 혈관색에 따라 결정된다.

4계절 분류 기준 4가지 속성

온도, 청탁, 명도, 채도

온도

- 웜톤일까? 쿨톤일까?
- 웜톤(옐로우베이스로 따뜻한 컬러)과 쿨톤(블루베이스로 차가운 컬러)

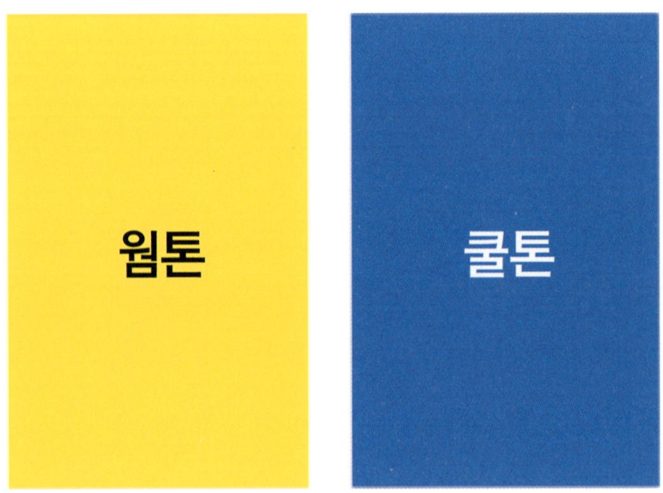

청탁

- 맑은 컬러가 어울릴까? 탁한 컬러가 어울릴까?
- 청색(맑고 선명한 색)과 탁색(탁하고 흐린 색)

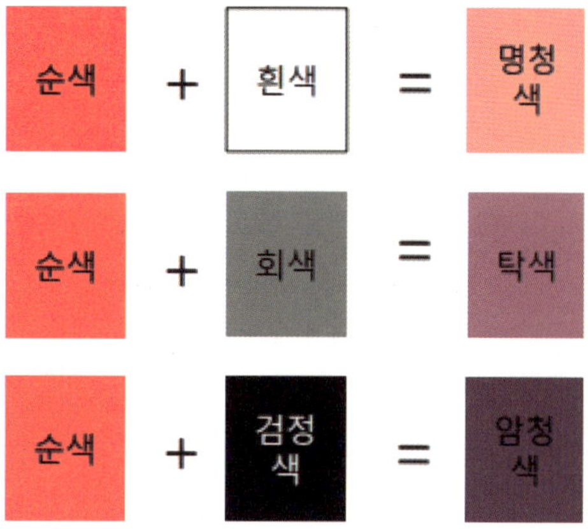

명도

어두운 컬러가 잘 어울릴까? 밝은 컬러가 어울릴까?

저명도(블랙과 같이 어두운 계열)와 고명도(흰색과 같이 밝은 계열)

채도

순색의 컬러가 어울릴까? 무채색 컬러가 어울릴까?

저채도(무채색에 가까울수록)와 고채도(아무것도 섞지 않은 순색에 가까울수록)

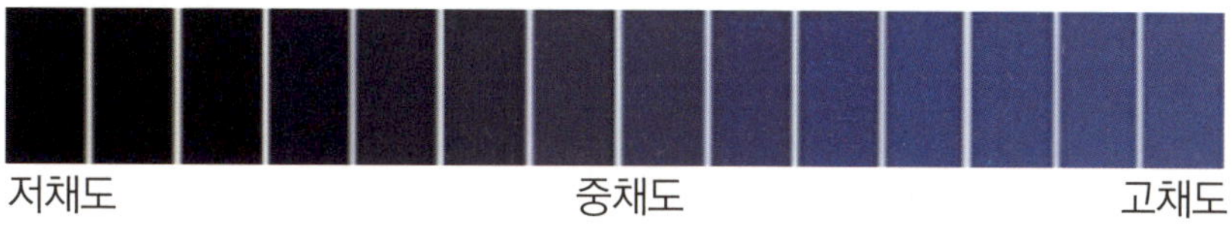

Tip 1

트루 = 스트롱 / 뮤트 = 파스텔
※ 교재에 따라 컬러명이 다를 수 있으니 참고하세요.

Tip 2

퍼스널컬러에서 분석할 수 있는 요소는 명도, 채도, 온도인데, 우리가 흔히 말하는 웜톤과 쿨톤은 온도에 해당한다.

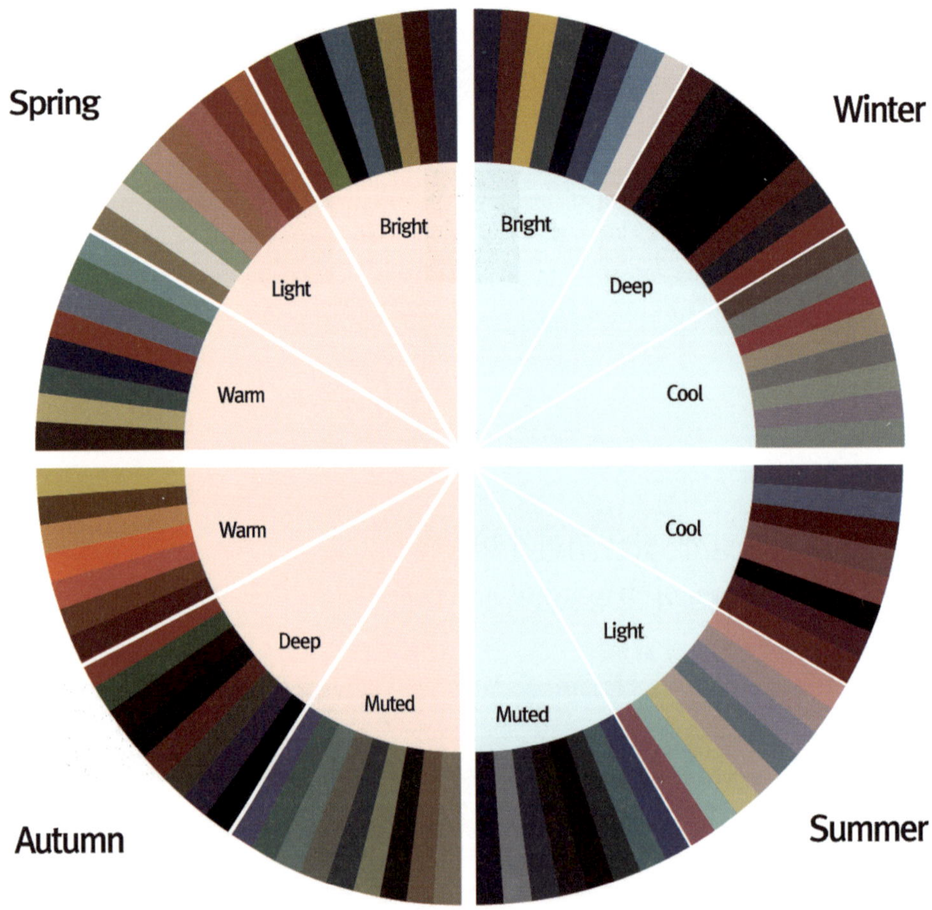

4계절에 따른 세부 분류

4계절 컬러

봄

밝고 화사한 컬러

여름

시원하고 부드러운 컬러

가을

깊고 차분한 컬러

겨울

선명하고 어두운 컬러

웜과 쿨 구분하기

웜톤

노르스름한 주황빛

쿨톤

푸르스름한 붉은빛

※ 뉴트럴컬러는 웜톤과 쿨톤 컬러를 모두 띤다.

다양한 진단 테스트 방법

A4용지로 진단하기

A4용지를 얼굴이나 목 아래, 손목 안쪽에 가져다 대기

웜 쿨

웜톤

피부톤이 엘로우빛과 초록빛을 띤다.

쿨톤

피부톤이 핑크빛과 푸른빛을 띤다.

스카프 또는 목도리 컬러로 진단하기

웜 쿨

웜톤

브라운 컬러 목도리가 잘 어울리며 피부톤이 밝고 화사해진다.

쿨톤

블루 컬러 목도리가 잘 어울리며 피부톤이 밝고 화사해진다.

컬러 차트로 진단하기

왼쪽, 오른쪽 손등을 웜과 쿨 컬러 차트 위에 동시에 올리기

웜

쿨

웜톤

웜톤 차트에 올렸을 때 손등 피부톤이 밝고 화사해진다.

쿨톤

쿨톤 차트에 올렸을 때 손등 피부톤이 밝고 화사해진다.

액세사리 - 귀걸이, 반지, 팔찌로 진단하기

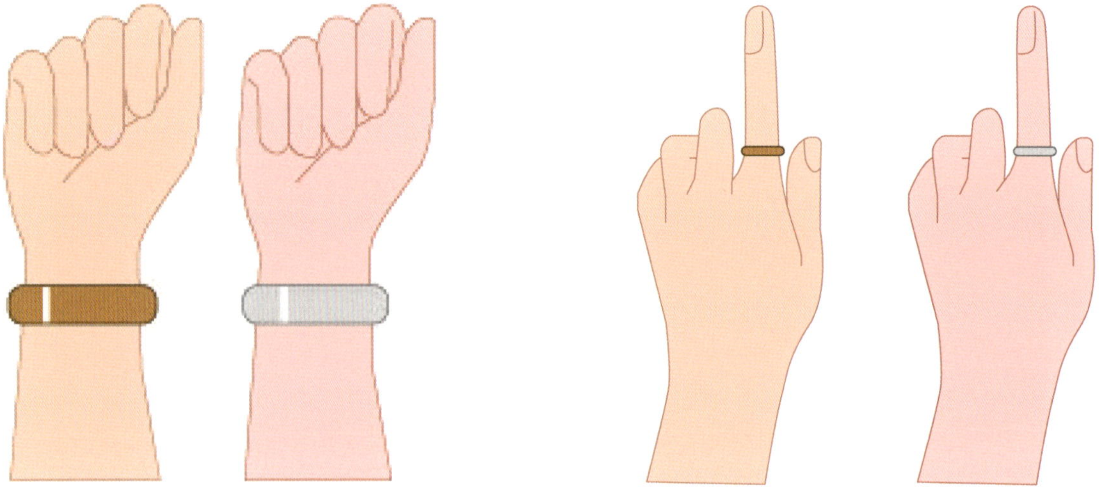

웜 쿨 웜 쿨

웜톤

골드 액세서리를 착용했을 때 피부색이 밝고 화사해진다.

쿨톤

실버 액세서리를 착용했을 때 피부색이 밝고 화사해진다.

립스틱 컬러로 진단하기

웜

쿨

웜톤

봄, 가을 컬러 립스틱이 잘 어울리면 피부톤이 밝고 화사해진다.

쿨톤

여름, 겨울 컬러 립스틱이 잘 어울리면 피부톤이 밝고 화사해진다.

머리카락색으로 진단하기

웜

쿨

웜톤

라이트 브라운 계열을 띤다.

쿨톤

애쉬빛이나 다크 블랙 계열을 띤다.

혈관색으로 진단하기

인공조명이 아닌 자연광에서 손목의 혈관색을 확인한다.

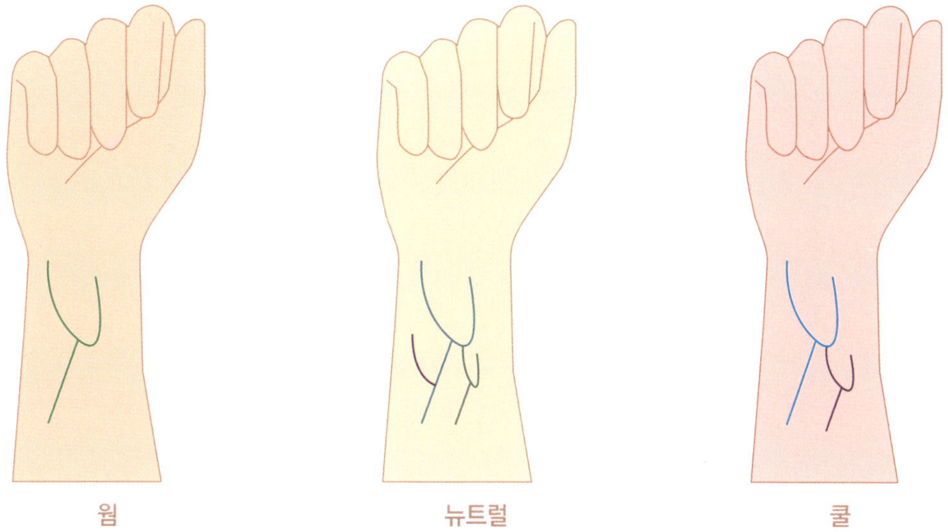

웜톤

초록빛을 띤다.

쿨톤

블루빛이나 보라빛을 띤다.

뉴트럴톤

초록빛이나 블루빛 보라빛을 띤다.

의상색으로 진단하기

평소에 잘 어울리는 색상을 확인한다.

웜톤

코랄, 오렌지, 옐로우 계열의 따뜻한 색이 잘 어울린다.

쿨톤

블루나 핑크, 보라 계열의 차가운 색상이 잘 어울린다.

memo

3

퍼스널컬러 실전편

퍼스널컬러 실전편

* 다음 진행되는 실전편에서 다양한 방법으로 웜과 쿨을 구분해 보세요.

나의 피부톤 찾기

* 해당되는 곳에 체크해보세요.

※ 대체적인 성향이므로 실제와 차이가 날 수 있어요.

	쿨톤	웜톤
	☐ 피부에 붉은기가 많다.	☐ 피부에 노란기가 많다.
	[TIP] 잘 모르겠다면 목 주변과 눈 바로 밑을 보세요!	
	☐ 손목에 있는 혈관색이 보라, 파란색이다.	☐ 손목에 있는 혈관색이 녹색 계열이다.
	☐ 햇볕에 장시간 있으면 빨갛게 익는다.	☐ 햇볕에 장시간 있으면 쉽게 탄다.
	☐ 머리카락색이 블랙에 가깝다.	☐ 머리카락색이 브라운에 가깝다.
	[TIP] 염색을 해서 잘 모르겠다면 눈썹(eye brow)색을 보세요!	
	☐ 실버 주얼리가 잘 어울린다.	☐ 골드나 로즈골드 주얼리가 잘 어울린다.
	☐ 눈동자색이 짙은 갈색이다.	☐ 눈동자색이 밝은 갈색이다.
	☐ 핑크 계열 립스틱이 잘 어울린다.	☐ 오렌지 계열 립스틱이 잘 어울린다.
	☐ 하얀 티셔츠가 잘 어울린다.	☐ 아이보리나 베이지색 티셔츠가 잘 어울린다.
	☐ 차갑고 세련된 이미지이다.	☐ 따뜻하고 분위기 있는 이미지이다.
합계		

나만의 퍼스널컬러

Best	Worst
• 얼굴형을 보완하여 긍정적인 이미지를 연출할 수 있다. • 자신감을 향상시킨다. • 얼굴에 생기가 돌고 활기차 보인다. • 이목구비가 뚜렷해 보인다. • 피부색이 균일하고 맑아 보인다. • 기미, 잡티가 덜 보인다.	• 피부결이 거칠어 보인다. • 투명감이 사라져 피부의 결점이 보인다. • 다크써클, 팔자주름 등이 도드라져 보인다.

주의사항

- 액세서리(안경, 렌즈, 귀걸이, 목걸이 등)는 착용하지 않는다.
- 진단에 방해가 되지 않도록 맨얼굴과 머리에 터번을 두른다.
- 자연광이 있는 맑고 화창한 날인 11 : 00~14 : 00시 사이가 적당하다.
- 노란색 조명이 아닌 자연광이나 흰색 조명이 적합하다.
- 좀 더 나은 객관성을 위해 혼자보다는 2~3명이 함께 진단하도록 한다.
- 진단 시 자세히 오랫동안 관찰하기보다는 즉각적으로 느껴지는 컬러로 판단한다.

얼굴이나 손등으로 웜과 쿨 구분하기

* 진단 전 액세서리나 네일아트는 방해요인이 됩니다.

• 진단지는 절취선을 따라 자른다.
• 얼굴을 진단할 때 : 웜과 쿨 진단지를 번갈아가며 목 가까이에 가져가 댄다.
• 손등을 진단할 때 : 웜과 쿨 진단지를 동시에 올려놓는다.

웜 (노란빛이 도는 복숭아빛 계열)	□
쿨 (핑크빛이 도는 붉은빛 계열)	□

절
취
선

절취선

피부색으로 웜과 쿨 구분하기

* 맨얼굴로 진단해야 더 정확해요!

- 진단지는 절취선을 따라 자른다.
- 웜과 쿨 진단지를 얼굴 볼 중앙부위에 동시에 올려놓고, 피부색을 확인한다.
- 주름이나 기미 · 잡티가 완화되고, 피부색이 더 밝고 화사해 보이는 컬러를 찾아 아래 네모박스에 체크!!

웜 (노란빛이 도는 복숭아빛 계열)	☐	☐	☐	☐	☐
쿨 (핑크빛이 도는 붉은빛 계열)	☐	☐	☐	☐	☐

절 취 선

웜톤

절 취 선

쿨톤

머리카락색으로 웜과 쿨 구분하기

- 진단지는 절취선을 따라 자른다.
- 웜과 쿨 진단지를 머리카락 위에 올려놓고 가까운 컬러를 찾아 아래 네모박스에 체크!!

* 염색을 하지 않은 상태에서 컬러를 확인하는 것이 정확하지만, 염색을 했을 경우 두피에 가까운 머리카락색을 확인하세요 (눈썹 색상도 좋아요).

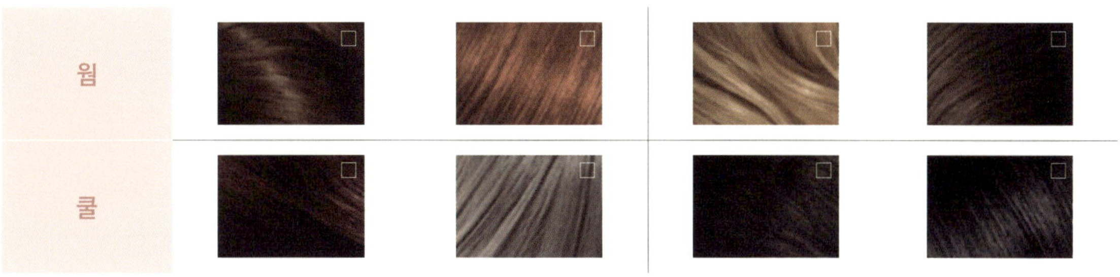

절 취 선

웜톤

절 취 선

쿨톤

눈동자색으로 웜과 쿨 구분하기

- 진단지는 절취선을 따라 자른다.
- 웜과 쿨 진단지를 눈동자 옆에 놓고 가까운 컬러를 찾아 아래 네모박스에 체크!!

* 컬러렌즈를 착용하지 않은 본인의 눈동자색을 확인하세요(시선을 약간 위로 향해 보세요).

웜	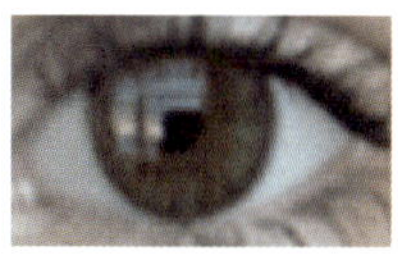 □	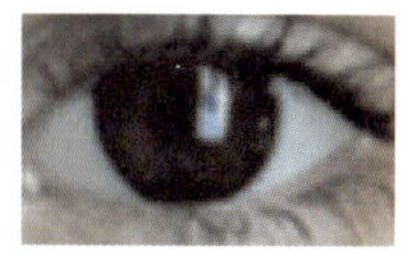 □
쿨	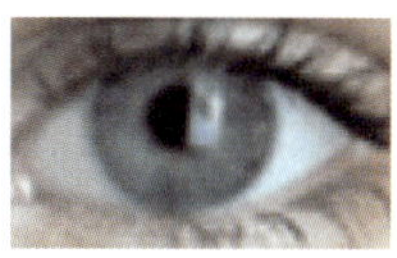 □	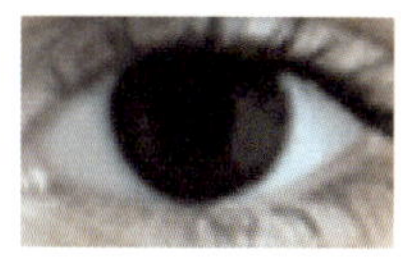 □

✂ 절 ---------- 취 ---------- 선

웜톤

✂ 절 ---------- 취 ---------- 선

쿨톤

입술색으로 웜과 쿨 구분하기

- 웜과 쿨의 입술 모양을 각각 오려 테이프 등으로 빨대(흰색)나 나무젓가락 끝에 부착한다.
- 본인의 입술 위에 번갈아가며 올려놓는다.
- 주름이나 기미 · 잡티가 완화되고, 피부색이 더 밝고 화사해 보이는 컬러를 찾아 아래 네모박스에 체크!!

웜 (오렌지계열)		□
쿨 (핑크계열)		□

웜톤 - 봄

절 취 선

웜톤 - 가을

쿨톤 - 여름

절 취 선

쿨톤 - 겨울

진단지로 웜과 쿨 진단하기

진단할 때 색상 순서

♥ Pink → ♥ Red → ♥ Yellow → ♥ Green → ♥ Blue

진단에 따른 색상별 체크 포인트

- ♥ Pink 전체적인 피부색, 건강함(탄력이 없고 창백해보이면 어울리지 않는 색)
- ♥ Red 피부 붉은기, 혈색(붉은기가 감소되면서 창백해 보이면 어울리지 않은 색)
- ♥ Yellow 피부 투명감, 윤기(투명감이 감소되면서 탁해지면 어울리지 않는 색)
- ♥ Green 눈동자색과 모발색의 조화감(눈동자가 그윽하고 또렷해 보이면 모발에 윤기가 있다면 어울리는 색)
- ♥ Blue 피부 투명감, 얼굴 윤곽

[1단계] 웜과 쿨 진단하기

1. 부록에 있는 진단지를 자른다.
2. 색상 상관없이 봄, 여름 진단지 또는 가을, 겨울 진단지로 웜과 쿨을 먼저 진단한다.

* 얼굴 턱선 바로 아래에 가져다 댄 후 진단에 따른 색상 별로 체크포인트를 확인 후 계절에 각각 체크!!

* 많이 체크되어 있는 계절에 따라 웜과 쿨을 알 수 있어요.

	Pink	Red	Yellow	Green	Blue
봄	☐	☐	☐	☐	☐
여름	☐	☐	☐	☐	☐
가을	☐	☐	☐	☐	☐
겨울	☐	☐	☐	☐	☐

[2단계] 계절 컬러 진단하기

1. 웜톤이 나왔으면 봄, 가을로/ 쿨톤이 나왔으면 여름, 겨울 진단지로 해당되는 계절을 찾아보세요!

* 얼굴 턱선 바로 아래에 가져다 댄 후 진단에 따른 색상 별로 체크포인트를 확인 후 계절에 각각 체크!!

* 많이 체크되어 있는 계절이 나만의 계절 컬러!!

	Pink	Red	Yellow	Green	Blue
봄	□	□	□	□	□
여름	□	□	□	□	□
가을	□	□	□	□	□
겨울	□	□	□	□	□

[3단계] 최종 진단하기

1. 해당되는 곳에 체크해보세요.

Type	WARM ☐	COOL ☐
피부 색은?	 노란편	 붉은편
머리카락 색은?	 골드 브라운, 적갈색 계열	 그레이, 블랙 계열
눈동자 색은?	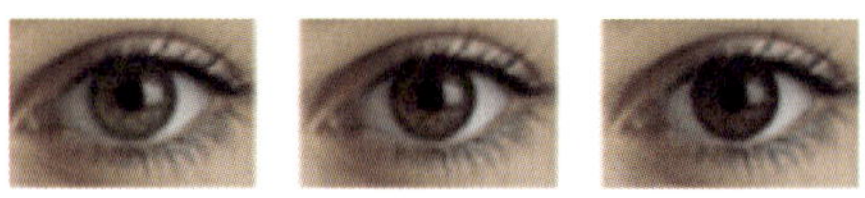 눈동자 테두리가 갈색빛	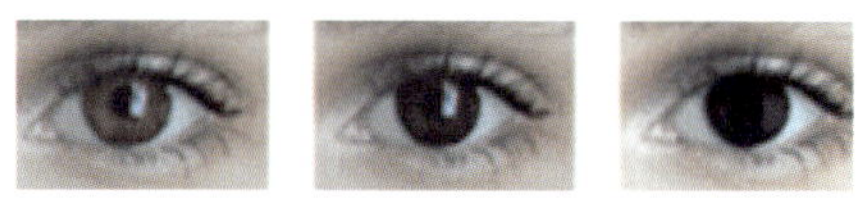 눈동자 테두리가 검은빛
입술 색은?	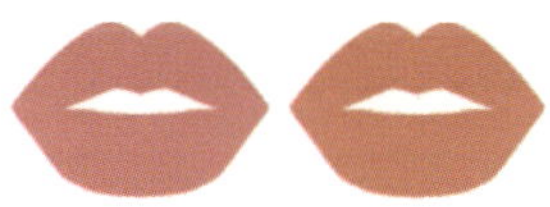 피치핑크, 오렌지	 로즈핑크, 마젠타
액세서리 색은?	 골드	 실버
손목혈관 색은?	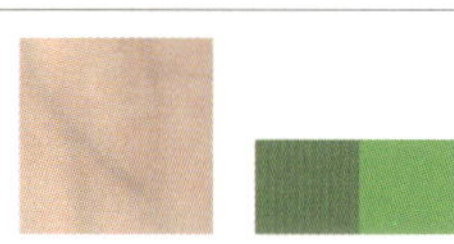 초록빛	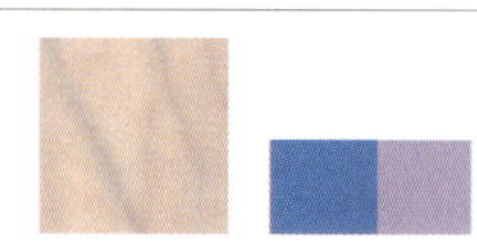 블루빛, 보라빛
계절 컬러는?	봄 ☐ 	여름 ☐ 
	가을 ☐ 	겨울 ☐ 

4

퍼스널컬러
응용편

4계절 이미지

나는 봄 - 웜톤입니다.

이미지	생기있는, 발랄한, 부드러운, 경쾌한, 로맨틱, 명랑한, 밝은 이미지	
피부	복숭아빛이 감도는 밝고 노란 빛, 주근깨와 잡티	
머리카락	밝은 갈색과 노란빛 갈색, 부드럽고 윤이 남	
눈동자색	블루그레이, 그린, 노란빛 갈색	
잘 어울리는 컬러	• 브라이트톤 : 채도가 높고 따뜻한 색 • 페일톤 : 채도가 낮고 수수한 색 • 오렌지, 베이지, 그린 계열	
피해야 할 컬러	회색이나 검정의 어두운 톤, 차가운 컬러	
컬러		

나는 여름 - 쿨톤입니다.

이미지	청량한, 세련된, 지적인, 맑은, 깨끗한, 산뜻한, 여성스러운	
피부	핑크빛과 붉은빛, 혈색이 좋은 피부톤, 얇고 예민한 피부	
머리카락	회갈색과 가늘고 밝은 갈색	
눈동자색	깊고 부드러운 갈색, 건조하고 얇은 편	
잘 어울리는 컬러	• 라이트톤: 전형적인 여름색 • 브라이트 톤: 겨울타입보다 낮은 채도의 색 • 뮤트 톤: 회색기가 많이 섞인 색	
피해야 할 컬러	페일톤	
컬러		

나는 가을 - 웜톤입니다.

이미지	따뜻한, 차분한, 부드러운, 클래식한, 편안한, 깊은, 포근한, 원숙한	
피부	노르스름한 갈색톤, 혈색있고 탄력있는 피부	
머리카락	윤기가 없으며 어두운 갈색	
눈동자색	짙은 암갈색	
잘 어울리는 컬러	• 딥톤, 다크톤 • 회색기 있는 뮤트톤	
피해야 할 컬러	한색 계열	
컬러		

나는 겨울 - 쿨톤입니다.

이미지	차가운, 강렬한, 도도한, 개성있는, 화려한, 활동적인
피부	혈색이 없는 창백하고 투명한 피부톤 
머리카락	두껍고 윤기가 돌며, 강한 푸른빛, 블랙컬러
눈동자색	푸른빛과 갈색빛 (검정색 특히 흰자위에 푸른빛이 많이 느껴짐)
잘 어울리는 컬러	• 브라이트톤: 전형적인 겨울색 • 딥톤: 브라이트 톤보다 명도가 더 강한색 • 다크, 비비드톤
피해야 할 컬러	난색 계열
컬러	

뷰티 퍼스널컬러 이미지 디자인

* 색연필이나 섀도우 등을 활용하여 [**봄** 메이크업과 헤어스타일 퍼스널컬러 이미지]를 꾸며보세요.
* 오른쪽 메이크업 컬러와 헤어컬러 네모칸에 사용한 컬러를 체크해보세요.

Make-up color			
skin			
eye brow			
eye shadow			
lip			
cheek			
Hair color			

Make-up color

- 피부표현 : 베이지 계열로 밝고 화사한 톤으로 투명하게 표현
- 아이섀도 : 피치, 오렌지 계열의 밝고 화사한 톤
- 블러셔 : 코랄핑크, 피치 계열
- 립 : 코랄, 오렌지 계열

Hair color

- 골드블론드, 다크브라운, 연한 갈색, 짙은 다갈색

* 색연필이나 섀도우 등을 활용하여 [**여름** 메이크업과 헤어스타일 퍼스널컬러 이미지]를 꾸며보세요.

* 오른쪽 메이크업 컬러와 헤어컬러 네모칸에 사용한 컬러를 체크해보세요.

Make-up color			
skin			
eye brow			
eye shadow			
lip			
cheek			
Hair color			

Make-up color

- 피부표현 : 핑크 베이지 계열 톤으로 밝고 투명하게 표현
- 아이섀도 : 파스텔톤으로 화사하게
- 블러셔 : 로즈, 핑크 계열
- 립 : 로즈, 핑크 계열

Hair color

- 회색빛의 짙은 갈색, 회갈색

* 색연필이나 섀도우 등을 활용하여 [**가을** 메이크업과 헤어스타일 퍼스널컬러 이미지]를 꾸며보세요.
* 오른쪽 메이크업 컬러와 헤어컬러 네모칸에 사용한 컬러를 체크해보세요.

Make-up color			
skin			
eye brow			
eye shadow			
lip			
cheek			

Hair color		

Make-up color

- 피부표현 : 내추럴 베이지 계열로 차분한 느낌으로 표현
- 아이섀도 : 그린, 브라운톤으로 깊이 있게
- 블러셔 : 오렌지, 피치 계열로 자연스럽게
- 립 : 브라운 계열

Hair color

- 적갈색, 황갈색

* 색연필이나 섀도우 등을 활용하여 [**겨울** 메이크업과 헤어스타일 퍼스널컬러 이미지]를 꾸며보세요.
* 오른쪽 메이크업 컬러와 헤어컬러 네모칸에 사용한 컬러를 체크해보세요.

Make-up color			
skin			
eye brow			
eye shadow			
lip			
cheek			
Hair color			

Make-up color

- 피부표현 : 베이지 계열로 표현
- 아이섀도 : 와인, 마젠타, 실버, 그레이 등
- 블러셔 : 핑크 계열
- 립 : 마젠타, 체리 계열

Hair color

- 블랙, 실버그레이

웜톤 – 봄 패션 퍼스널 스타일링

아이보리, 핑크, 베이지, 옐로우 컬러가 잘 어울린다. 화사하고 상큼하게 컬러로 코디해 보아요.

* 색연필이나 섀도우 등을 활용하여 다양한 패션 이미지를 꾸며보세요.

웜톤 - 가을 패션 퍼스널 스타일링

카멜, 옐로우, 브라운 컬러가 잘 어울린다. 고급스럽고 분위기 있는 컬러로 코디해 보아요.

* 색연필이나 섀도우 등을 활용하여 다양한 패션 이미지를 꾸며보세요.

쿨톤 - 여름 패션 퍼스널 스타일링

실버, 라벤더, 핑크 컬러가 잘 어울린다. 청량하고 밝은 컬러로 코디해 보아요.

* 색연필이나 섀도우 등을 활용하여 다양한 패션 이미지를 꾸며보세요.

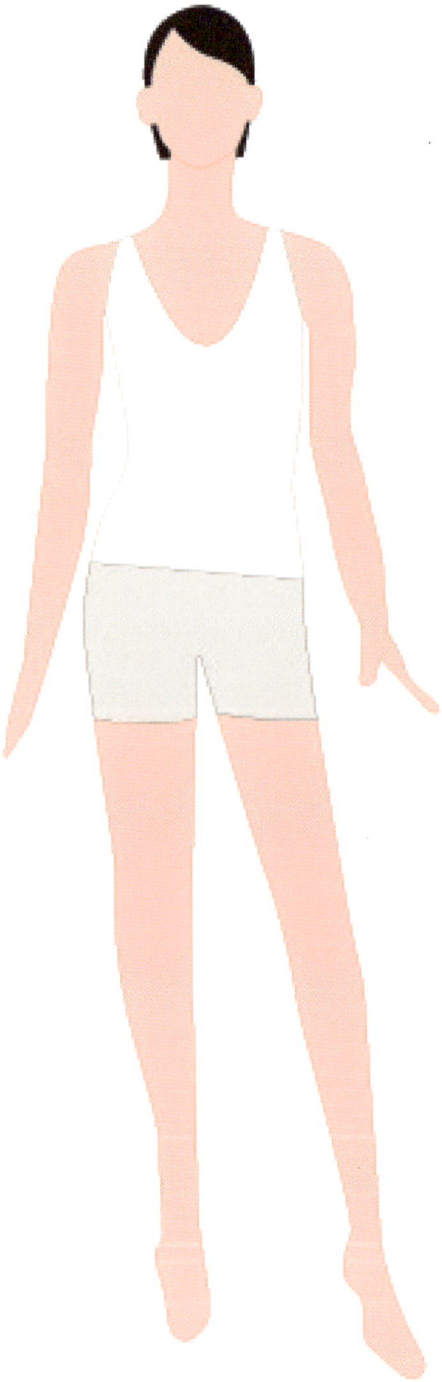

쿨톤 - 겨울 패션 퍼스널 스타일링

퍼플, 차콜, 블랙, 화이트 컬러가 잘 어울린다. 뚜렷하고 비비드한 컬러로 코디해 보아요.

* 색연필이나 섀도우 등을 활용하여 다양한 패션 이미지를 꾸며보세요.

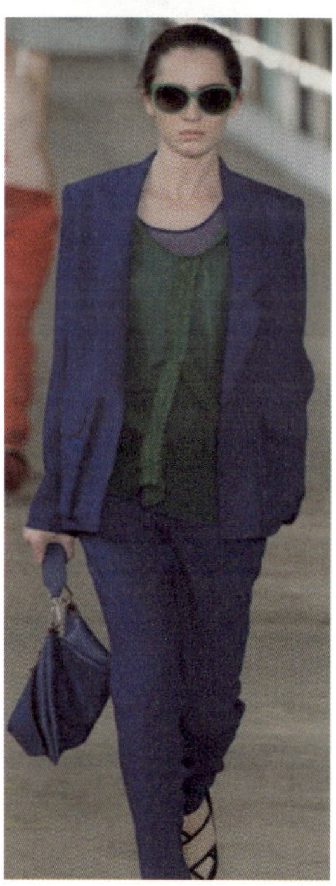

부록

퍼스널컬러 진단지

절취선

warm (spring pink)

warm(spring pink)

절취선

cool (summer pink)

cool(summer pink)

절취선

warm (autumn pink)

warm(autumn pink)

cool (winter pink)

cool(winter pink)

절취선

절
취
선

warm (spring red)

warm(spring red)

절

취

선

cool (summer red)

cool(summer red)

절
취
선

warm (autumn red)

warm(autumn red)

절취선

cool (winter red)

cool(winter red)

warm (spring yellow)

warm(spring yellow)

절
취
선

절 취 선

cool (summer yellow)

cool(summer yellow)

warm (autumn yellow)

warm(autumn yellow)

절 취 선

절 취 선

cool (winter yellow)

cool(winter yellow)

절

취

선

warm (spring green)

warm(spring green)

절
취
선

cool (summer green)

cool(summer green)

warm (autumn green)

절 취 선

절
취
선

cool (winter green)

cool(winter green)

절 취 선

warm (spring blue)

warm(spring blue)

절

취

선

cool (summer blue)

cool(summer blue)

warm (autumn blue)

절
취
선

warm(autumn blue)

절취선

cool (winter blue)

cool(winter blue)

참고문헌

안나현(2021), 색채디자인, 구민사

안나현(2021), 코디네이트미학, 구민사

www.istockphoto.com